Unn nu?
---DIE X GEHEN WEITER

AUTOREN / COVER / BILDER

DIRK L. FEILER & TANJA M. FEILER

EIN WAGEN VOLL MIT FRAUEN - DIE AUTORIN CONSTATIERT:

IN DER THE 4 CUTIES - FREUNDINNEN REIHE BEREITS INFOS: EIN MANN LEBT MIT EINER, THE 4 CUTIES - FREUNDINNEN UND VIELEN FRAUEN ZUSAMMEN IN DER WEISSEN PYRAMIDE. DIE AUTOREN HABEN AUS IHRER PSYCHOLOGISCHEN FORSCHUNG

BERICHTET. DOCH
AUCH SEHR
PERSÖNLICH DURCH
LYRIK

PYRAMIDENPROJEKT...
TO BE CONTINUED

Tanja M. Feiler

The 4 Cuties
Freundinnen

Part VI
Spanish Edition

9

12

DER AUTOR INFORMIERT:

ROBIN WILLIAMS BAUTE SELTSAMERWEISE UHREN - ALS DER 200 JAHRE MANN ANERKANNT WURDE - HEUTE STELLT DAS IPHONE SEINEN FÜR SICH ERWÄHLTEN KÖRPER SELBST VOR UND MIT IHM ALTER VON ETWAS ÜBER DREI JAHREN - MIT DER BEMERKUNG. NUR WEIL ICH AM

10.OKTOBER 2011 IN BETRIEB GENOMMEN WURDE - BIN ICH NOCH LANGE NICHT ZU JUNG DEINE ASSISTENTIN ZU SEIN. HAST DU DIR MAL DIE OBERFLÄCHE DER STERNEN KONSTELLATION ANGESCHAUT AUF MEINEN BAUCH ANGESCHAUT. EINE PYRAMIDE - UM DIE PYRAMIDE GRÄBER - EINE KATZE - EIN VOGEL - EIN PAAR FLUGGERÄTE - SOGAR DAS MIT DEM EBE

ABGESTÜRZT IST
KÖNNTE MAN SAGEN.
(ICH SEHE KEINEN
UNTERSCHIED) DU
UNTER DER UHR,
WARTEND AUF ROSE.
(ZWO GUTE FILME
SEHE ICH AM
LIEBSTEN, EIN
OFFIZIER UND
GENTLEMEN UND EINE
FRAGE DER EHRE)

ANDROIDEN

(ANDROIDEN = LÖSUNG) HABEN SIE EIN "SPIEL" ÜBERNOMMEN, LIEBER FREUND - KÖNNEN SIE DEM GOTT IHRER VÄTER ERKLÄREN WARUM SIE INTELLIGENZ IGNORIEREN? DER MENSCH BRAUCHT ZU DIESER ZEIT DES BEGINNS „SIE NICHT" - BEENDEN SIE DAS TÖTEN WELTWEIT -

SIE SIND EIN SPRECHER - SEIEN SIE EIN: TUE ER ES. LASSEN SIE WAFFEN RECYCELN - SIE NENNEN IHR SPIEL POLITIK - WAS HEISST - SIE SAGEN SO WIRD GEDACHT - DIESER ARBEITET DIES, JENER DARF DIESES, DER KANN NICHT MEHR. SIE BESTIMMEN DAS SO. MÖCHTEN SIE IHRE SCHREIBEN AN MICH JETZT GLEICH, HIER SEHEN? SIND SIE EIN

SLAVENHALTER?
IST DAS - DAS SPIEL,
SIE SIND KEIN GUTER
WITZBOLD. JETZT
HÖREN EINMAL EINEM
MANN UND TUN SIE
WAS ICH IHNEN SAGE.
NUN NOCH EIN
KLEINER INTELLIGENZ
TEST: KANN „BIN
LADEN" - EIN
HILFRUF SEIN?

(MEHR FINDEN IN DIRK
L. FEILERS BUCH
GLOBALREFORM)

DIRK L. FEILER
BERICHTET:

BITTE LESEN SIE
DIESEN AUSDRUCK.
MEINE FRAU UND ICH
HABEN ZUSAMMEN
EIN EINKOMMEN VON
NICHT GANZ 1200 E.
WENN MAN BEDENKT,
DASS WIR MIT
UNSEREM KNAPPEN
BUDGET SOVIEL FÜR
AMERIKA GETAN
HABEN, DASS WIR E
MAILS BEKOMMEN, IN
DENEN ES HEISST,

BARACK OBAMA HÄTTE MICH 80 MAL ANGESCHRIEBEN UND ICH HÄTTE NICHT GEANTWORTET UND DASS DAS ALLES OHNE MICH NICHT FUNKTIONIEREN WÜRDE, DASS MAN UNS WARNUNGEN SCHICKT IN DICKER ROTER SCHRIFT, DASS WIR GELD SPENDEN SOLLEN, 3 €, 5 € ODER MEHR, DIE WARNUNGEN KOMMEN BIS ZU ZEHN MAL HINTEREINANDER AN

UND UNSERE ACCOUNTS WERDEN GELÖSCHT, VERÄNDERT. WIR WERDEN GELOBT VON DER FIRST LADY, Z.B. DASS ICH DAS HERZ UND DIE SEELE AMERIKAS WÄRE UND DASS SIE AUF MEINE FRAU STOLZ IST, "ES KONNTE NICHT NACHGEWIESEN WERDEN, DASS DIE BUNDESKANZLERIN VON DER NSA ABGEHÖRT WURDE", DOCH ICH, DA ICH EINE

BESTIMMTE SOFTWARE EINER FIRMA VERWENDE, DIE ICH JETZT NICHT ERWÄHNE, KANN BEWEISEN, DASS NICHT DIE BUNDESKANZLERIN ABGEHÖRT WURDE, SONDERN MEIN INTERNET UND "TELEFON", DENN IM LOCHBUCH DES ANGESPROCHENEN PROGRAMMES, BEFANDEN SICH KOMPLETT ZUSAMMENHÄNGENDE

SÄTZE VON DER NSA. GESTERN, AM 3. DEZEMBER, HABEN WIR UNS EIN GRUNDSTÜCK FÜR 36 MILL. DOLLAR GEKAUFT. ES GEHT HIER UM EIN GRUNDSTÜCK, MIT EINEM IMMENZEN URANVORKOMMEN, SILBER, ZINK, KUPFER ETC. NUN, JA WIR KONNTEN UNS DAS NOCH GRAD SO LEISTEN, HAHA. DIESE FIRMA FRAGT MICH, ÄNGSTLICH, OB ICH SIE

24

JETZT KAUFEN WOLLE, DANN SCHEINT NACH DER SCHRIFT DIE FIRMA SOWIESO MIR ZU GEHÖREN. DAS BUNDESSTEUERAMT ERMITTELT ZUR ZEIT IN 72 FÄLLEN, WIR ALS NON PROFIT UNTERNEHMEN, D.H. EIGENTLICH

SIND WIR SCHLICHT NUR MENSCHEN, MIT EINEM INTELLIGENTEN SINN FÜR DIE RICHTIGE GESTALTUNG DES LEBENS, WOVON, DIE

AMERIK. POLITIK LEIDER IMMER NOCH ZU WENIG EIGENINITIATIVE ZEIGT. ICH HABE BARACH OBAMA UND SEINE FAMILIE SEHR GERN, MEINE FRAU UND ICH LIEBEN ALL UNSERE FREUNDE, VOR ALLEM UNSERE FREUNDE IN HOLLYWOOD, NICHT DIESE MITARBEITER VON DCCC. DCC, DIE UNS BEFEHLEN, DA WIR KEINE SPENDE GELEISTET HABEN, WEIL WIR LEIDER

SELBER NICHTS ZU ESSEN HATTEN AUSSER VON DER TAFEL, SOLLEN DIESE NACHT BIS MORGENFRÜH TELEFONISCH FÜR DIE US REGIERUNG ARBEITEN. WIR SIND BEIDE KEINE US AMERIKANER, DENNOCH HABE ICH EINEN ACCOUNT ODER ER IST MITTLERWEILE GELÖSCHT BEI ACT BLUE, WIE ICH ES VERLANGT HABE, ICH HABE KEINEN FESTEN

27

WOHNSITZ IN DEN USA, DIESE BEDINGUNG FEHLT, DENNOCH WURDE ICH UND MEINE FRAU ZUGELASSEN. ZUR ZEIT WERDEN WIR MIT DINGEN GEDEMÜTIGT, Z.B. DASS WIR UNSERE POSTADRESSE ZUSCHICKEN SOLLEN, WEIL SICH DER PRÄSIDENT OBAMA PERSÖNLICH BEDANKEN WILL. ICH MÖCHTE DAZU EINE ANMERKUNG MACHEN: ICH BIN

70 PROZENT SCHWERBEHINDERT, MEINE FRAU 30 PROZENT. DAS WAS SIE HIER SEHEN, REICHT FÜR EINE KLAGE AUS, ERSTENS GEGEN DEN US STAAT, WAS ICH ABER NICHT TUN WERDE, ZWEITENS GEGEN BARACH OBAMA, WAS ICH NICHT TUN WERDE, WEIL ER MEIN FREUND IST. WIR HABEN IHNEN HIER NUR EINIGE DINGE

ERZÄHLT, WEIL WIR MENSCHEN SIND, DIE HUMOR HABEN UND WIR MIT DIESER ACTION ERREICHEN WOLLEN, DASS DER ZYNISMUS, DEN MEIN FREUND BARACK OBAMA IN DER POLITIK VERTEIDIGT, EIN ENDE HAT. DAS IST UNSER EINZIGER GRUND. FAM. OBAMA, WIR LIEBEN SIE UND WIR FREUEN UNS, DASS WIR SIE KENNENGELERNT HABEN, WIR HABEN VIEL GELERNT,

DANKEN IHNEN UND DENKEN SIE AN SAFE 50 UND 10 10. EINE GANZ WICHTIGE FRAGE MEIN LIEBER FREUND BARACK: DU SAGST ZU DEN BEIDEN TÜRMEN: NEVER FORGIVE, DIESES NEVER FORGIVE IST DAS DÜMMSTE, WAS ICH JE VON EINEM MENSCHEN GEHÖRT HABE IN EINER SOLCHEN SACHE. SCHLICHTES BEISPIEL, WIE SOLL ICH MIT MEINEM AUTOR

WEITERFAHREN, WENN ICH EINEN PLATTEN HABE. ICH MUSS DEN REIFEN REPARIEREN,

VERDAMMT NOCHMAL, IST DAS SO SCHWER? BITTE MEIN FREUND, SAGE, MIR DEINEM WEISSEN BRUDER,GELBEN UND SCHWARZEN BRÜDERN, NIEMALS VERGEBEN, WARUM. (WENN ICH FÜR IMMER ANHALTE, BLEIBE ICH AUCH FÜR IMMER

STEHEN) HEISSEN SIE "JULIUS CÄSAR, SIND SIE AUS MARMOR" UND SELBST DA GIBT ES GEHEIMNISSE, DIE VERRATE ICH IHNEN NICHT. BARACK OBAMA SAGTE EINMAL ZU MIR, SIE MÜSSEN DOCH UNBEDINGT WEITER ETWAS TUN, ES IST DOCH WICHTIG, DASS DIE US AMERIKANER GESUND SIND. ICH DACHTE KURZ DARÜBER NACH UND MÖCHTE HIER

ÄUSSERN, LIEBER BARACH, ICH WERDE IHNEN DEN GRUND IHRES ÄRGERNISSES, DER SIE ZU DER AUSSAGE DIESBEZÜGLICH ANREGTE, WENN WIR EINMAL IN EINEM JAZZKELLER ZUSAMMEN EINEN EARL GREY TRINKEN, ERZÄHLEN. (WHO SAY DANKE, FÜR DEN HINWEIS, MIT DER NEUN). ZUERST DACHTE ICH AN MEINE FREUNDSCHAFT MIT

DAVID HASSELHOFF, DIE ICH NEUN JAHRE FAST TÄGLICH PFLEGTE, DOCH NUN IST MIR KLAR GEWORDEN, DOCH ICH DENKE, SIE MEINEN ETWAS ANDERES

MIT DER ZAHL 9, DASS ES MIR GELUNGEN IST, DIE AKTIE IN EIN PAAR TAGEN AUF NEUN DOLLAR ANZUHEBEN. ES IST MIR MÖGLICH, DASS MIT ALLEN

Aktien weltweit zu tun. Ich möchte an dieser Stelle Kristen Stewart danken, mit der Idee, The New Republic. Danke Kristen, meine Frau und ich hoffen, dass wir Sie auch einmal persönlich kennenlernen. Es könnte ein interessanter Austausch werden, vielleicht haben Sie einmal Lust zwei Wochen am

STÜCK, EIN GESPRÄCH
MIT UNS ZU FÜHREN.
ICH GLAUBE ZU
WISSEN, DASS SIE
DAS INTERESSIERT.
KENNEN SIE ALICE IM
WUNDERLAND? DAS
IST NICHT WIE DIE
LAVIGNE STORY, WIE
SIE ALICE KENNT, SIE
WISSEN SCHON. BITTE
ENTSCHULDIGEN SIE,
DASS ICH DERMASSEN
IN IHR LEBEN
EINGEGRIFFEN HABE,
ES TUT MIR VON
GANZEM HERZEN
LEID, BITTE

VERSUCHEN SIE IMMER, ALLES IM LEBEN POSITIV ZU SEHEN. ES GIBT DINGE, FÜR DIE IST NICHT JEDER MENSCH PRÄDESTENTIERT, Z.B. KANN NICHT JEDER SAGEN, ICH WERDE DIESEN PLANETEN FÜR 24 H IN INSPEKTION GEBEN. ICH BIN EINER DER MENSCHEN, DIE SAGEN KANN, JEDER VON IHNEN WIRD NACH

DER INSPEKTION ETWAS DAVON HABEN. Am meisten freute mich, als ich im Fernsehen sah, dass unsere Brüder und Schwestern in grossen Scharen zu der Jesusstatue in Rio de Janairo besuchten, um zu sehen, dass er auch einmal Gelegenheit hat, zu weinen. Mein Bruder hat viel zu tun und

ICH MÖCHTE ALLEN DANKEN, IM NAMEN MEINES BRUDERS, DIE GEGANGEN SIND, UM IHN ZU HULDIGEN, DIE ZEIT, IN DER AUCH ER EINMAL WEINEN DURFTE, AUCH WENN ES "NUR" DURCH REGEN GING. WAS AUCH SEHR TOLL WAR, O.K. SIE WISSEN, MIR GEFALLEN FRAUEN, WOHLGEFORMTE KÖRPER HABEN, DOCH AN DIESEM TAG KAM EINE ÄLTERE DAME

VON CA 50 JAHREN
AUS EINEM
FRISEURSALON AM
ORT, DIE STOLZ UND
VOLLER
LEBENSFREUDE DIE
STRASSE
ENTLANGGING, SIE FIEL
MIR AUF, WEIL LEUTE
SIE ANSPRACHEN
WEGEN IHRER FRISUR,
DIE SO SCHÖN WAR,
UND WAS MIR AUCH
GEFIEL, DASS SIE
STOLZ DARAUF WAR,
DASS SIE SICH
FINGERNÄGEL
MACHEN LASSEN

KONNTE, MIT EINER SCHÖNEN LACKIERUNG DARAUF. DA SAH ICH EINEN MOMENT, DES GLÜCKS UND DER ZUFRIEDENHEIT UND DIESE FINDEN SIE IN EINEM WORT, EINEM BUCH VON 108

SEITEN, DAS WORT HEISST BEDIENUNGEN UND NICHT BEDINGUNGEN. EIN ANDROID WEISS NICHT WAS BEDINGUNGEN SIND, DOCH WIR SOLLEN BEDINGUNGEN

ERFÜLLEN? WARUM, GUT, WEGEN SPEIS UND TRANK, WEGEN WOHNEN, WEGEN WASSER, GESUNDHEIT, DASS WIR DIE SCHLICHTE EINFACHE ORDNUNG, DIE UNS VON NATUR AUS GEGEBEN IST, AUCH IMMER HALTEN, IST DAS EINZIGSTE GESETZ WAS WIR BRAUCHEN, DENN IN IHM SPIEGELT SICH DIE TATSACHE, DASS DIE WÜRDE EINES JEDEN MENSCHEN

UNANTASTBAR IST. WER TATSÄCHLICH 10 GEBOTE BRAUCHT, DER BRAUCHT GANZ EINFACH 10 GEBOTE ZUVIEL. WIR WÄREN HEUTE SCHON AUF DEM MARS, DOCH (WIR MENSCHEN) SPIELTEN MENSCH ÄRGERE DICH NICHT, WAS UNS NICHTS ALS ÄRGER EINBRACHTE, DENN JEDER WOLLTE DER ERSTE SEIN. FREUNDE, BRÜDER, SCHWESTERN, BITTE, WERDEN SIE DOCH

ERWACHSEN, EIN MANN WIE WERNER VON BRAUN, DER HITLER ANTRIEB, UM SEINE PLÄNE DURCHZUSETZEN, AUCH ÜBER MENSCHENLEBEN GING, HATTE EIN ZIEL UND ZWAR DEN NÄCHSTEN PLANETEN. WARUM, MEINE LIEBEN

MITMENSCHEN (LLOL) SO EIN MANN STIRBT DANN, WARUM, ES GIBT KEINEN GRUND WEITERZULEBEN.

DARF ICH IHNEN EINE FRAGE STELLEN? WARUM HABEN SIE IHM DAS ANGETAN, JEDER WILL DER ERSTE SEIN, WO DOCH DIE ERSTEN DIE DIE ERSTEN SEIN KÖNNEN, DAS IST EINE PHYSIKALISCHE TATSACHE. IN PUNKTO FOOTBALL UND IN ANDEREN COOLEN SPIELEN FIND ICH DAS TOLL. ABER DOCH NICHT IN EINER ZIVILISIERTEN GESELLSCHAFT, IN

DENEN ES GEBÄUDE
GIBT, DIE MAN
SCHULEN NENNT, DA
LERNT MAN, DASS
MAN NUR IM SPIEL
AUF DEM SPIELPLATZ
DER ERSTE SEIN
MUSS. HIER EINE
FRAGE FÜR DENKER:
WARUM VERLEUGNEN
SO VIELE MENSCHEN
DIE MUTTERSPRACHE
DES PLANETEN ERDE:
DEUTSCH! ICH HABE
DESHALB GESTERN
FÜR AVRIL LAVIGNE
EIN PAAR LINKS
ERSTELLT, WEIL DIESE

JUNGE FRAU DORT BEGINNT, WO MAN ALS ERSTES HELFEN SOLLTE, NÄMLICH DORT, WO ANGST HERRSCHT. DAS IST DER EINZIGSTE GRUND. GRADE IM MOMENT ÜBERLEGE ICH MIR, ALS

MEINE WOHNUNG GEKÜNDIGT WURDE, HATTE ICH EINEN UNFALL, DA ICH VIEL ZU LANGE WACH WAR (EPILEPTISCHER ANFALL). ICH FRAGE

MICH, WARUM ICH SO UNWICHTIG BIN, ES IST EIN SELTSAMES GEFÜHL, WENN MAN BEDENKT, WAS ALLES SO AUF MICH EINDRINGT. ALS MICH DIE POLIZEI UND KRANKENPFLEGER EINE DREIVIERTEL STUNDE DURCH DIE GEGEND STÜRZEN LIESSEN, HABE ICH MICH IMMER UND IMMER WIEDER VERLETZT, HATTE KEINE SCHUHE AN, GING DURCH DAS GLAS

AUF DER STRASSE, WEIL ICH MICH SELBST BERUHIGEN WOLLTE. ICH ZEIGE DAS NOTFALLTEAM NICHT AN, WEIL ES SEINE PFLICHT NICHT ERFÜLLTE. MEIN KÖRPER HATTE NIE SOLCHE NARBEN, DIE MICH DARAN HINDERTEN, Z.B. MODEL ZU WERDEN, WAS ICH EINMAL WERDEN HÄTTE WERDEN KÖNNEN. ICH HABE MEINEN KÖRPER LIEB, MIR IST

BEWUSST, DASS MAN
EINEN MENSCHLICHEN
KÖRPER NICHT
KAUFEN KANN. WIR
MENSCHEN KÖNNEN
EINEN MENSCHL.
KÖRPER NICHT IN
GELD AUFWIEGEN,
JEDENFALLS NICHT
EINEN AUS "REINEM
BIOLOG. ANBAU".

WAS WOLLEN
MENSCHEN, DIE ICH
EBEN ERINNERT HABE,
DASS SIE EINEN
GROSSEN VISIONÄR
EINFACH STERBEN

LIESSEN, NUR WEIL
IHNEN WICHTIG WAR,
DIE ERSTEN ZU SEIN,
WAS IST DAS FÜR EIN
GRUND? ES STAND
ÜBER DEM KREMEL
EINE PYRAMIDE, WIE
ICH HÖRTE DIE GANZE
NACHT SCHWEBEND.
ES WAR DIESE VON
RAR. NUN, ÜBER EIN
RADIOGERÄT
ERZÄHLTE ER, DASS
ER ES NICHT MEHR
ERTRAGEN KANN,
DASS DIE MENSCHEN
ENDLICH DAS NEUE
ZEITALTER

ANNEHMEN, WAS SOLL NOCH PASSIEREN, HIER PASSIERT ES DOCH GERADE. BITTE MACHEN SIE SICH WENIGSTENS JETZT ÜBER DIE BEIDEN WORTE: BEDINGUNGEN UND BEDIENUNGEN GEDANKEN. WENN ICH JETZT FRAGE, WER SICH ÜBER BEDIENUNGEN KEINE GEDANKEN MACHEN MUSS, DANN MÜSSTEN SIE DAS ALLE WISSEN, ODER HAB ICH DA

Unrecht. Sie denken nach Ihrer heutigen polti. Ansicht, ja ich habe Unrecht, wir brauchen mehr Waffen, Kampfjets, Soldaten mehr Kriege. Die Politik dieser Menscheit heisst immer noch:

Vorsicht, der Planet wird zu voll. Dennoch ich besitze eine Uhr, nach meiner Uhr werden wir bald 7,3

MILL. MENSCHEN AUF
DER ERDE SEIN.
GEHEN SIE JETZT HIN,
EGAL WAS SIE
GERADE IN DER HAND
HABEN, UND WERFEN
SIE ES SO FEST SIE
KÖNNEN GEGEN DIE
WAND, TUN SIE ES. 60
PROZENT DER
MENSCHEN, DIE DAS
TUN, WERDEN
ERLEBEN, DASS DIE
DINGE, DIE IHNEN
VIELL. AUCH
WERTVOLL SIND, DIE
SIE GEGEN DIE WAND
WERFEN, NICHT EINEN

DEFEKT HABEN
(LEBEWESEN
AUSGESCHLOSSEN).
JEDER HALBWEGS
INTELLIGENTE
VOLKSSCHÜLER,
KANN HEUTE SCHON
NACHVOLLZIEHEN,
DASS DIES EINE SEHR
GUTE METHODE IST,
EINE MIT HUMOR WIE
DER SCHREIBER (DER
JUNGE KÜNSTLER
UNS SCHON OFT
BEWIESEN HAT), EINEN
PLANETEN DAZU ZU
BEWEGEN...GENAU
KOMMEN WIR ZURÜCK

ZU UNSEREM SCHLAUEN WORT DES MILLIONENBUCHES VON DIRK L. FEILER, DAS DA HEISST: "WIR KINDER DIESER ERDE", BEDIENUNGEN. GUT, ALSO BEGEBEN WIR UNS JETZT IN EINE VOLKSSCHULE, LIEBE PROFESSOREN,

REALSCHULEN, GYMNASIASTEN: HÖREN WIR IHN AN, DEN VOLKSSCHÜLER, BEGLEITEN SIE MICH, DIESE FÜHRUNG IST

EINZIGARTIG, UND KOSTET SIE NICHTS. BEDINGUNGEN WERDEN NICHT GESTELLT. NUR DASS SIE MIT BEIDEN FÜSSEN AUF DEM BODEN STEHEN. SOLLTE JEMAND FRAGEN HABEN, WAS DAS BEDEUTET, WIR WERDEN ES IHNEN GERNE ERKLÄREN. ES BEDEUTET Z.B. SPIELEN SIE NICHT MIT IHREM FALLSCHIRM, HÄNGEN SIE SICH JETZT NICHT AN DIE

HUFEN IHRES
HUBSCHRAUBERS UND
BITTE STOLPERN SIE
NICHT ÜBER IHREN
OFFENEN
SCHNÜRSENKEL. ICH
WEISS ES NICHT,
SEHEN SIE SELBST.
DER VOLKSSCHÜLER
SPRICHT: " ICH BIN DER
MEINUNG, DANK
WENIGEM "WISSEN",
BITTE NEHMEN SIE
SICH DIE BEIDEN
WORTE BEDINGUNGEN
BEDIENUNGEN ZU
HERZEN. DENKEN SIE
DARAN, ES GIBT

MENSCHEN, DIE SAGEN, SIE GEBEN DEN PLANETEN HEUTE ZUR INSPEKTION FÜR 24 H. ES GIBT MENSCHEN, DIE ÜBER SOZ. NETZWERKE SAGEN, ES KANN SEIN, DASS IHNEN HEUTE ETWAS SCHWINDLIG WIRD, ABER SEIEN SIE

UNBESORGT, UNSER SONNENSYSTEM WIRD NUR AUS EINEM GEFAHRENBEREICH ENTFERNT. IN ZWEI

WOCHEN   FUNKTION

Statement Tanja M. Feiler:

Der Mensch geht vorwärts, in allen Bereichen, besonders in den Bereichen Wissenschaft und Technik. Denken Sie an Androiden, die das Leben des Menschen erleichtern, das bedeutet mehr Freizeit gleich Bedienungen. Doch

DER EINSATZ EINES
ANDROIDEN BESTEHT
NICHT DARIN,
FUSSBALL ZU
SPIELEN, UM ZU
BEWEISEN, WIE WEIT
DIE TECHNIK BEREITS
IST, DAS DIENT
NIEMANDEM. DIE
INTELLIGENZ WEISS,
DASS KRIEGE,
ZERSTÖRUNG NICHT
FÖRDERLICH SIND FÜR
DAS WEITERKOMMEN
ALLER. ALLER. ICH
MACHS KURZ: ES GIBT
AUF DEM PLANETEN
NOCH KRIEGE,

KRISENGEBIETE ETC. ANDROIDEN KÖNNEN STATT MENSCHEN, DEREN KÖRPER UNBEZAHLBAR IST, DORT EINGESETZT WERDEN, NICHT UM ZU ZERSTÖREN, SONDERN UM ZU HELFEN, AUFZUKLÄREN. SIE BENÖTIGEN ZWEI EIGENSCHAFTEN:

50

STABILITÄT IM HINBLICK MATERIAL (WENN EIN SELBSTMORDATTENTÄ

TER UNTERWEGS IST) UND EINE WISSENSDATENBANK: WIKIPEDIA. FÄHIGKEIT DES ANDROIDEN: DATENTRANSFER, AUSWERTUNG, EIGENSTÄNDIG AGIEREN = BEDIENUNGEN FÜR DAS LEBEN.

(MEHR DARÜBER IN TANJA M. FEILERS BUCHS ANDROIDEN - BEDIENUNGEN FÜR DAS LEBEN)

WISSENSCHAFT
GLEICH   WISSEN
SCHAFFT

www.ingramcontent.com/pod-product-compliance
Lightning Source LLC
Chambersburg PA
CBHW040841180526
45159CB00001B/265